spot

ANIMALES DEL OCÉANO

LAS ANGUILAS

por Mari Schuh

AMICUS | AMICUS INK

boca

piel

Busca estas palabras e imágenes mientras lees.

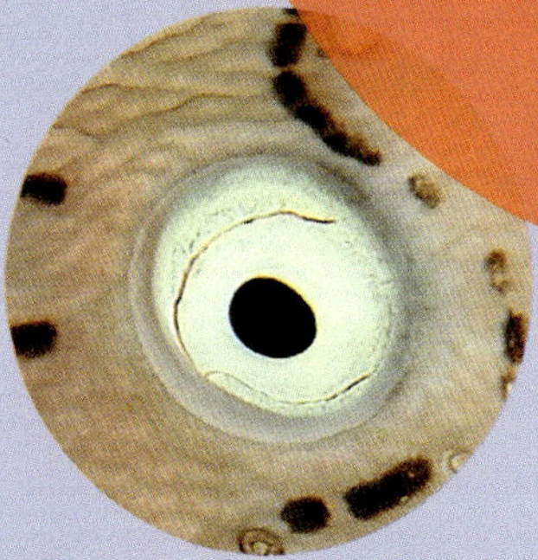

ojo

manchas

¿Qué hay en el mar?

¡Una anguila!

Las anguilas son peces.
Se parecen a las serpientes.

Mira la boca. Está abierta.
Esto ayuda a las anguilas
a respirar.

boca

Mira la piel. Es lisa.
La mayoría de las anguilas no tienen escamas.

piel

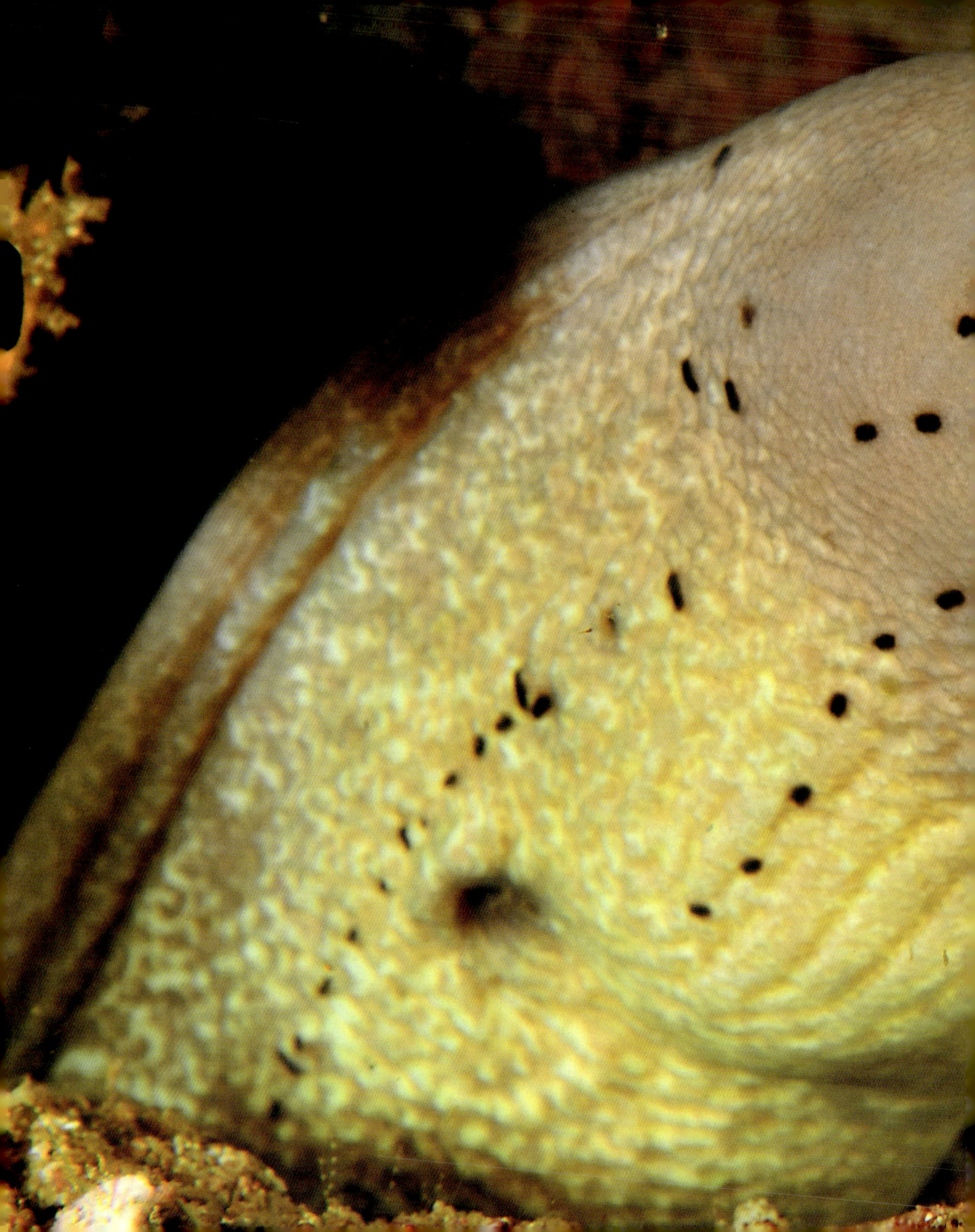

ojo

Mira el ojo. Las anguilas no ven bien. Huelen para encontrar comida.

manchas

Mira las manchas. Estas anguilas se mezclan. Los tiburones no pueden verlas.

Las anguilas se esconden en agujeros. Están más seguras allí.

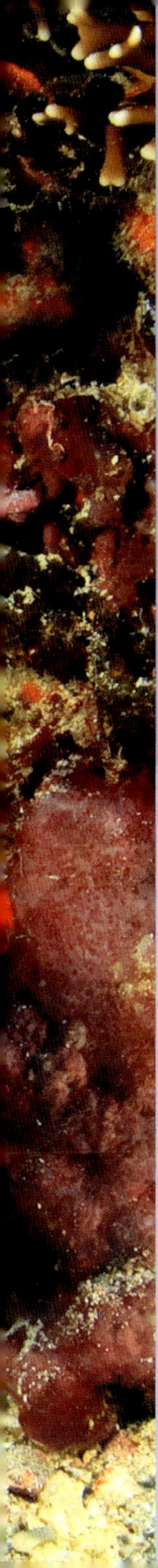

boca

piel

¿Lo encontraste?

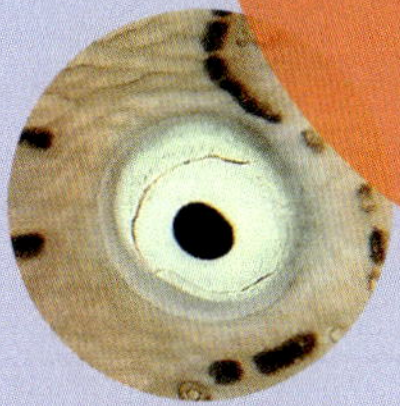

ojo

manchas

Spot es una publicación de Amicus y Amicus Ink
P.O. Box 227, Mankato, MN 56002
www.amicuspublishing.us

Library of Congress Cataloging-in-Publication Data
Names: Schuh, Mari C., 1975- author.
Title: Las anguilas / by Mari Schuh.
Other titles: Eels. Spanish
Description: Mankato : Amicus, [2021] | Series: Spot animales del océano | Audience: Ages 4-7 | Audience: Grades K-1
Identifiers: LCCN 2019050209 (print) | LCCN 2019050210 (ebook) | ISBN 9781645492337 (library binding) | ISBN 9781681527369 (paperback) | ISBN 9781645492399 (pdf)
Subjects: LCSH: Eels—Juvenile literature.
Classification: LCC QL637.9.A5 S3818 2021 (print) | LCC QL637.9.A5 (ebook) | DDC 597/.43—dc23

Impreso en los Estados Unidos de America

Alissa Thielges, editora
Deb Miner, diseñadora de la serie
Ciara Beitlich, diseñadora de libro
Bridget Prehn, investigación fotográfica

Créditos de las imágenes iStock/Valerii Evlakhov cover,16; Alamy/Helmut Cornel 1; Alamy/Stephen Frink Collection 3; Minden/Sergio Hanquet 4-5; Alamy/Jesse Cancelmo 6-7; Shutterstock/Eric Isselee 8-9; Alamy/Nature Picture Library 10-11; Alamy/Reinhard Dirscherl 12-13; Getty/Gallo Images 14-15